JN029702

なぜ？から調べる

ごみと環境

1

家の中のごみ

監修　森口祐一
東京大学教授

この本を読むみなさんへ

みなさんの中には、何かのきっかけで、ごみについてもっと知りたいと思い、
この本に出会った人もいるかもしれません。
多くのみなさんは、社会科でごみについて学ぶことになり、
この本に出会ったことと思います。

「社会」は、人びとが集まって生活することでつくられます。
毎日の生活でさまざまなものが使われ、やがていらなくなって、ごみになります。
ごみを捨ててしまえば、自分の身の周りはきれいになりますが、
環境をきれいに保つためには、
ごみの行く先でも、さまざまな工夫が必要です。
暮らしやすい社会をつくるためには、
ふだんみなさんの目にはふれないところでどんなことが行われているかを知り、
自分で何かできることがないかを学ぶことが大切です。

ごみは社会の姿を映す鏡のようなものです。
ごみについて学ぶことで、
一人ひとりの生活と社会との関わりに気づくことにもなるでしょう。

第1巻

「家の中のごみ」では、まず、みなさんのもっとも身近なところにある
ごみについて学ぶことから始めます。
毎日の生活からどんなごみが出てくるのか、
それをどのように分別して出すルールになっているのかなどを学びます。
また、なぜ分別するのか、ごみが増えるとなぜ困るのかなど、
なぜごみが「悪者」にされがちなのか、
さらに、家から出るごみ以外にどんな種類のごみがあるのかなど、
ごみ問題の基本についても学びます。

森口祐一

東京大学大学院工学系研究科都市工学専攻教授。国立環境研究所理事。専門は環境システム学・都市環境工学。主な公職として、日本学術会議連携会員、中央環境審議会臨時委員、日本LCA学会会長。

1章 ごみが増えるとどうなるの？

2章 ごみのゆくえを調査！

3章

家の中でできる取り組みを考えよう

この本の使い方

この本に登場するキャラクター

探偵ダン

ごみの山から生まれた探偵。ごみと環境の課題の解決に向けて、日々ごみの調査をしている。

調査員クロ

探偵ダンの助手。ダンが気になった疑問を一生懸命調査してくれる努力家。

調査員トラ

ごみのことにくわしいもの知りのネコ。ダンにいろいろな情報をアドバイスしてくれる。

この本の使い方

1章 ごみにまつわる写真を載せているよ。写真を見ながら、ごみが環境にあたえる影響について考えてみよう。

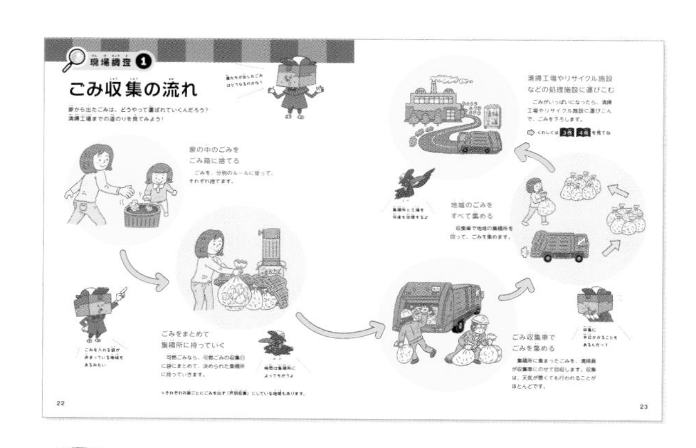

2章 ごみのゆくえを、イラストで解説しているよ。どんな流れでごみが処理されるのか見てみよう。

3章 ごみについての取り組みや対策を紹介しているよ。実際に行われている取り組みを調べて、環境のために自分たちができることを考えてみよう。

1章

ごみが増えると どうなるの？

家庭から出るごみは、
環境にどんな影響を
あたえるのかな？
写真を見ながら考えてみよう。

ぎもん 1
どのくらいの量のごみが
捨てられているの？
こんなにごみが
出るんだね！

静岡県の家庭ごみ集積所。各家庭から大量に出される可燃ごみの収集日には、これだけたくさんのごみが集まる。ごみが散乱するのを防ぐため、ネットをかけて対策をしている。

ぎもん 2

なぜ、ごみを処理しないといけないの？

ぎもん 3

なぜ、ごみが増えるといけないの？

（写真：アフロ）

ぎもん1

どのくらいの量のごみが捨てられているの？

ごみは毎日出されているけれど、日本全体ではどのくらいの量になっているんだろう？　まずは、ごみの量を見てみよう。

1年に出されるごみの量は4,272万トン！

飲み終わったペットボトルや紙くず、食べ残した食事など、私たちは毎日の生活の中でたくさんのごみを捨てています。

私たちが捨てているごみの量（産業廃棄物をのぞく）を1年分にまとめると、4,272万トン（2018年度）もの量になります。これは東京ドーム約115杯分に当たる量です。さらに一人が1日当たりに出すごみの量に置きかえると918グラム、約1キログラムのごみを毎日出しているという計算になります。

1年間のごみの量と一人が1日当たりに出すごみの量

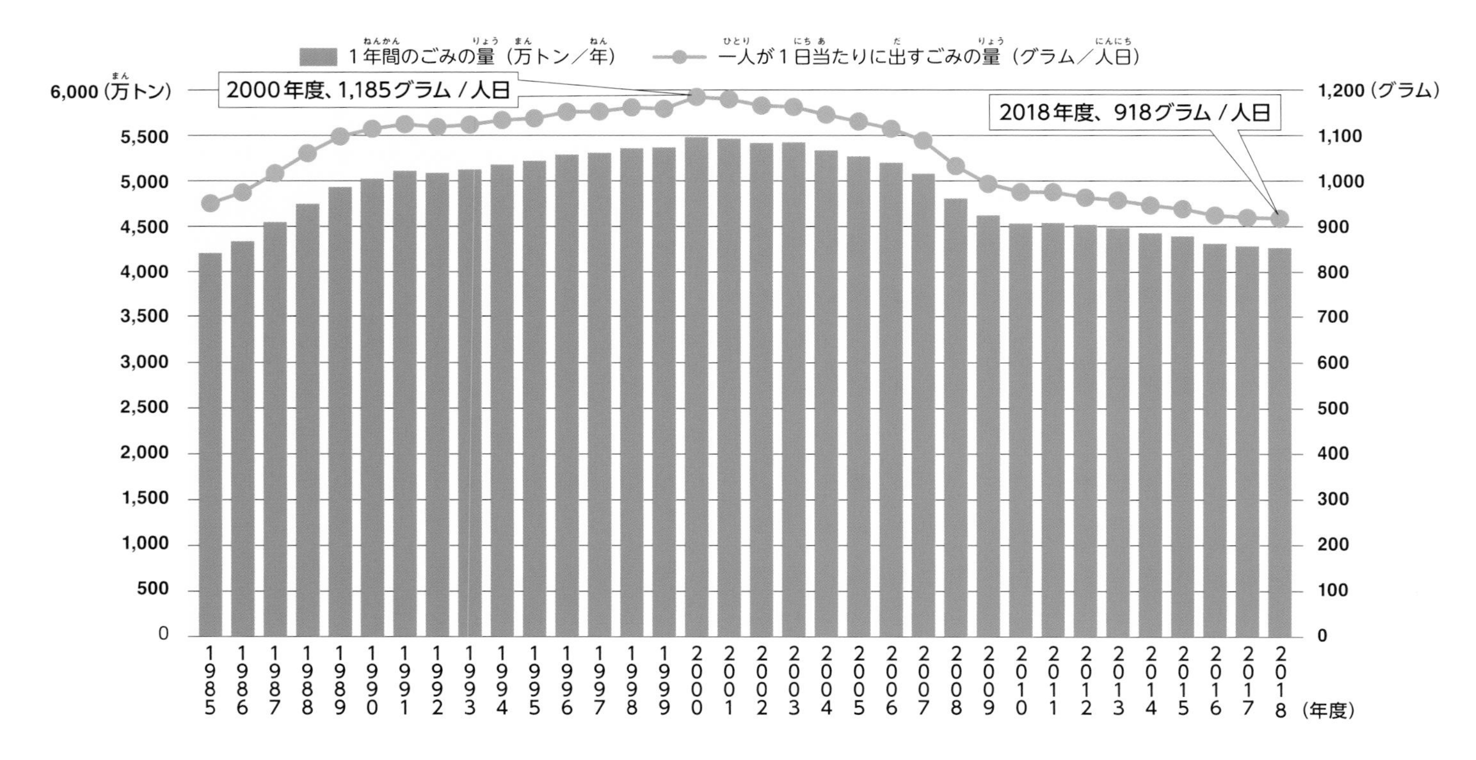

出典　環境省「ごみ総排出量と1人1日当たりのごみ排出量の推移」

ぎもん
2

なぜ、ごみを処理しないといけないの？

家や道路、学校にごみがあふれたら、どうなるんだろう？
ごみの処理が欠かせない理由を考えてみよう。

身の周りにごみがあふれて快適な生活が送れなくなる！

ごみを処理しないと、家の中やまちにごみがたまり始めます。時間がたつにつれ、くさったものから悪しゅうやハエなどの虫が発生します。そうすると、快適な生活が送れなくなるでしょう。

そのような不衛生な環境は病気が広がる原因にもなります。虫などが病原体を運び、人や動物が病気にかかるおそれがあるのです。

昔は、今ほどごみが発生しなかったため、庭や空き地にごみをうめて各自で処理をしていました。しかし経済が発展し、人口が増えてくると、土地が不足し、人々の生活も変化しました。ごみが急速に増え、以前のような自然に任せるやり方では対応できなくなったのです。そのため、処理施設で適切にごみを処理することが必要なのです。

処理施設の大切さがわかる「ごみ戦争」

1955年ごろからの高度経済成長期には、生活が豊かになった一方で、都市部ではごみがとてつもない勢いで増えました。処理施設が間に合わなくなり、まちにごみがあふれ、不衛生な環境と悪しゅうが住民たちを苦しめます。

当時、東京では処理施設がひとつの区に集中していました。住民がほかの区からのごみの運ぱんを防ごうとして対立が起きたため、東京都知事が「東京ごみ戦争」を宣言し、東京都全体がごみ問題に取り組むきっかけとなりました。その後、各区に処理施設がつくられ、住民の生活環境が改善されたのです。

ぎもん3

なぜ、ごみが増えるといけないの？

ごみが増えても処理すればいいというわけではないんだ。
増えることで、消えているものがあることを知ろう。

ものをつくる資源がむだになってしまう！

そもそも「ごみ」になるものは、生活の中で必要な「もの」です。食べものや衣服、紙など、身の周りにはたくさんのものがあふれています。

それらをつくったり運んだりするためには、たくさんの資源が使われています。紙の原料となる森林、プラスチック製品の原料となる石油などの資源を使って、ものをつくり出しているのです。さらに、ものをつくるには機械を動かします。その動力源になる電気を生み出すために、石炭や天然ガスが使われています。

資源は、無限にあるわけではありません。ごみが増えると同時に、資源が減っているということを覚えておきましょう。

プラスチック製品・紙製品の例

地下深くから石油をくみ上げる。

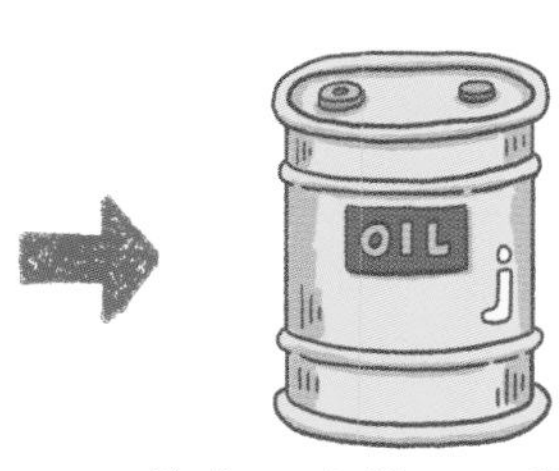

石油を加工して合成樹脂がつくられる。

さらに加工されてプラスチック製品になる。

森林で木を伐採する。

木を加工して木材チップがつくられる。

さらに加工されて紙製品になる。

こわれたり、使い終わったりしたらごみ箱へ。こうしたものが増えると、資源が減ってしまう。

環境メモ

エコロジカル・フットプリントって何だろう?

人が地球にどれだけ負荷をあたえているかがわかる!

エコロジカル・フットプリントは、農作物をつくるための土地や、二酸化炭素を吸収するために必要な森林の面積などを計算して、人が使っている資源を生み出すためにはどのくらいの土地が必要かを表した指標です。

最新のデータを見ると、全世界の人々が現在の生活を続けるには、地球 1.7 個分の面積が必要ということがわかっています。

1.7 個

全人類の生活を支えるには地球 1.7 個分が必要

カーボン・フットプリントって何だろう?

ものをつくってから捨てるまでに出る二酸化炭素の量がわかる!

カーボン・フットプリント（CFP）は、原料を集めてから製品にしてごみになるまでに出る二酸化炭素の量を表したものです。

二酸化炭素が増えると、気温が急激に上がるなど、地球温暖化の原因となります。そのため、二酸化炭素の量を「見える化」することで、生産する企業には排出量を減らすための努力を、消費者には CFP の少ない商品を選ぶよううながしています。

● CFP マーク

このマークがついていれば、その商品をつくっている企業が、積極的に二酸化炭素を「見える化」する取り組みを行っていることがわかる。

ぎもん
4

なぜ、ぜんぶ可燃（かねん）ごみではだめなの？

ぎもん
5

どんなごみがあるの？

神奈川県横浜市の焼却工場で、ごみを燃やしているようす。焼却炉に入ったごみは、850～950度もの高温で灰になるまで燃やされる。

（写真：西澤丞）

ぎもん 4

なぜ、ぜんぶ可燃ごみではだめなの？

ごみはぜんぶ燃やしてしまえばいいと思う人もいるかもしれないけれど、分別するには理由があるんだ。その理由をひもといていこう！

分別してリサイクルをすると環境保護や資源の節約につながる！

分別をしないままごみを燃やすと、最後まで燃やしきれないものが大量の燃えがら（灰）として残ってしまいます。燃えがらの大半は、うめ立て地に運ばれますが、量が多くなればうめ立て地が満杯になってしまい、新たに受け入れることができなくなってしまいます。

また、燃やせるものや燃やせないものの中には、紙やプラスチック、缶・びんなど、リサイクル（再生利用）することで資源の節約や環境保全につながるものが多くあります。

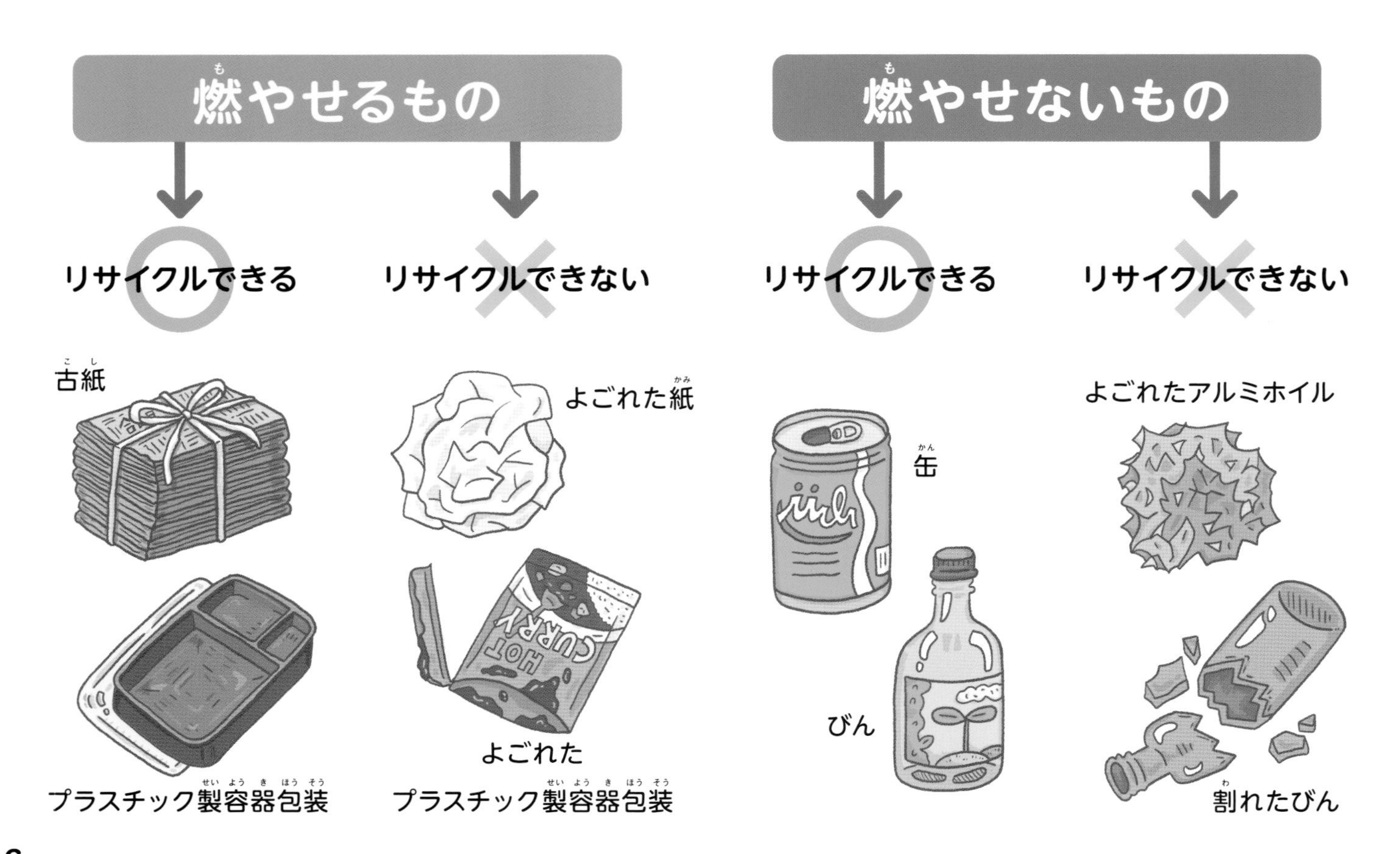

環境メモ

燃やすと有毒なガスが出るものもある!?

水銀など人体に害があるものは、有害ごみとして分別する

ごみの中には、燃やしたときに出るガスに有毒物質が混ざるものがあります。例えば、水銀です。身近にあるものだと、一部の蛍光灯や電池、体温計に使われています。これらが直接体内に入ることはほとんどありません。しかし、燃やしたときに出るガスに水銀が混ざり、それを吸いこんでしまうと体に害を及ぼす可能性があります。健康被害を防ぐために、水銀をふくむ有害ごみは、きちんと分別する必要があるのです。

● 水銀がふくまれているもの

ほかのごみと混ざらないように、自治体のルールに従って処分する。

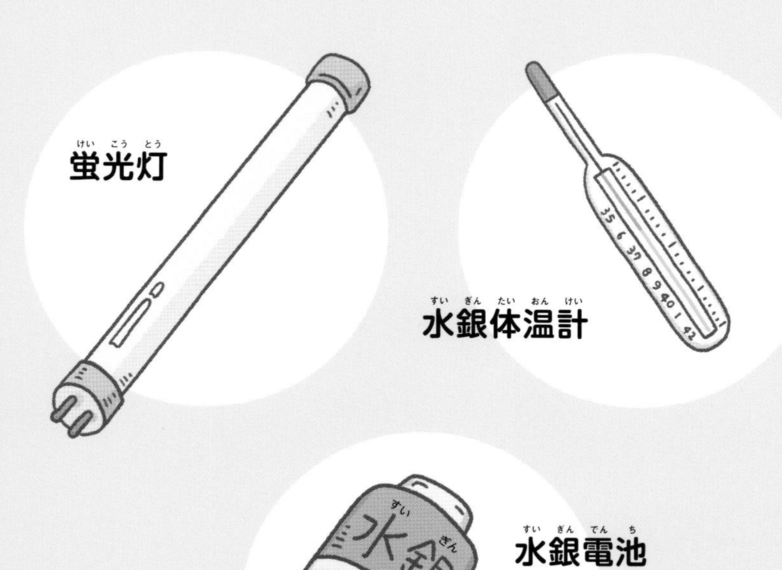

水銀に関する水俣条約

水銀が人の健康や環境に害をおよぼすことから、水銀の使用を規制するために結ばれた条約。2013年に熊本県で結ばれた。2021年からは、水銀をふくむ製品の製造・輸出入を禁止している。

どんなごみがあるの？

私たちが毎日出しているごみには、どんなものがあるのかな？
昔と今で、どうちがうのかも考えてみよう。

ものが増えて ごみは複雑になっている！

生活が豊かになり、技術が進歩したことで、便利なものが増えてきました。しかし、それと同時に、ごみの量も増えています。

昔と今の食事を比べてみましょう。今はスーパーマーケットやコンビニエンスストアで、手軽にお弁当やレトルト食品を買うことができます。食べ終わったお弁当の容器やレトルト食品の包装は、ごみとなります。

プラスチック製の容器や包装がない時代には、家にある皿やお弁当箱を使って食事をしていたため、食べ終わったものがごみになることはほとんどありませんでした。

● 東京都 23 区の清掃工場に搬入されたごみの中身　昔と今

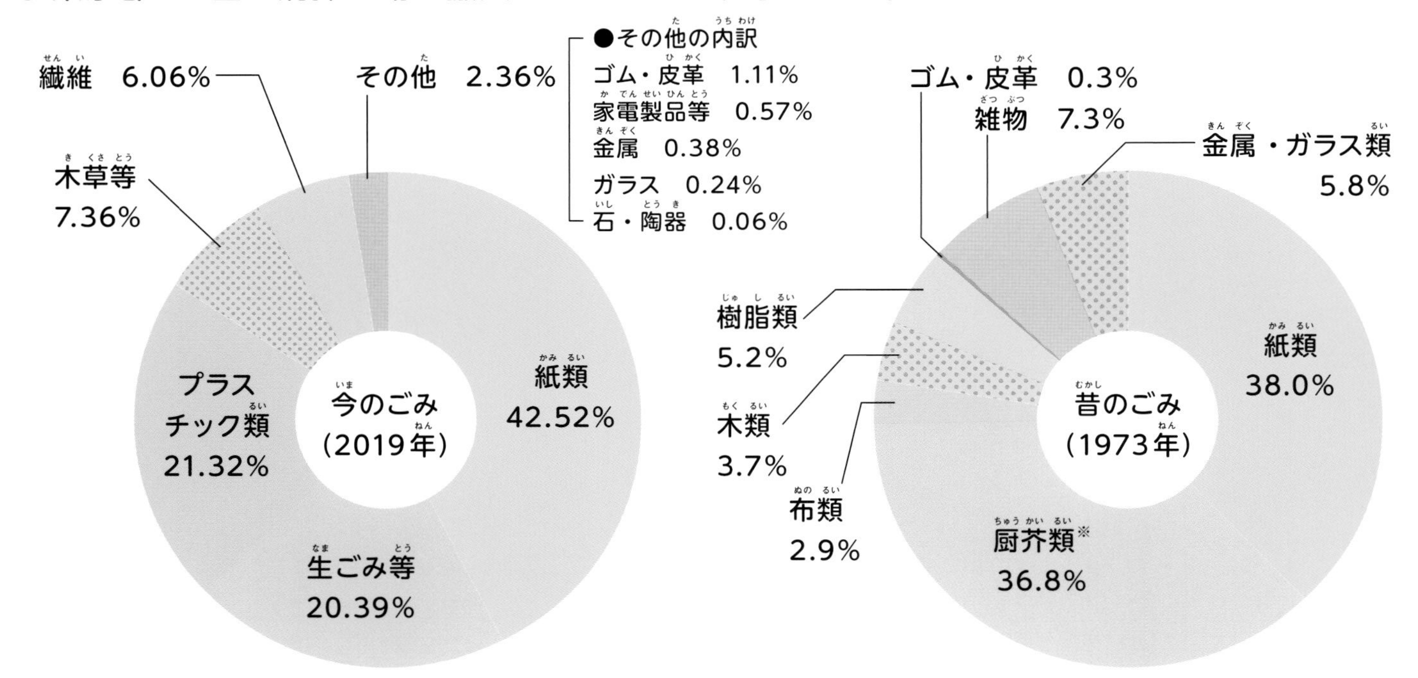

出典　東京二十三区清掃一部事務組合「ごみ性状調査結果（令和元年度測定結果）」、東京都環境科学研究所「ごみ質の調査結果について（昭和 48 年度）」

※野菜くず、魚くずなどの生ごみのこと。

昔と今の生活を比べてみよう

便利な生活の中から、
ごみが生まれて
いるんだね

買いもの

昔

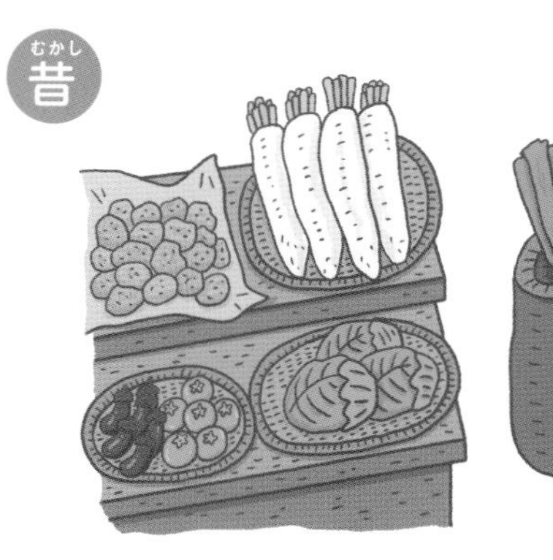

今

・品物は、かごやざるに並べられていた。
・買いものをするときは、買いものかごを持っていく。

・品物は、食品トレイや袋で包装されている。
・エコバッグを持っていく。または、レジ袋を買う。

保存方法

昔

今

・氷を使って冷やす冷蔵庫。
・氷がとける前に食べきれる量を保存する。

・電気を使って冷やす冷蔵庫。
・大容量かつ保存期間も長いので、食べきれないほどたくさんの量でも保存できる。

衣服

昔

今

・きょうだいのおさがりを着る。
・少し破れてもつくろって長く着る。

・おしゃれな服が安く買える。
・古いものは捨て、新品を買うことが増えた。

災害が起きるとごみが大量発生!?

毎年起きる地震や台風、集中豪雨などの災害。
どのようなごみが発生して、どのように処理されるんだろう？

地震や台風などで発生する災害ごみ（災害廃棄物）は、被害が大きいほど大量に発生します。2011年に起きた東日本大震災では約2,000万トン、2016年の熊本地震では約310万トンの災害ごみが発生しました。これらは一時的に仮置き場に保管され、選別した後にリサイクルやうめ立てなど、適切な処理が行われます。

2019年の東日本台風で発生した災害ごみ／埼玉県東松山市
（写真：環境省「災害廃棄物対策フォトチャンネル」）

災害ごみの種類

家屋のがれき

こわれたり
浸水したりした家具や家電

停電や避難のために
放置され、
くさった食品

水にぬれた
アルバム

災害ごみを適切に処理することも、復旧の一部なんだね。
処理されたもののほとんどがリサイクルされているというデータもあるよ！

2章

ごみのゆくえを調査！

家庭から出るごみは、
どのように処理されるのかな？
ごみの流れを追ってみよう。

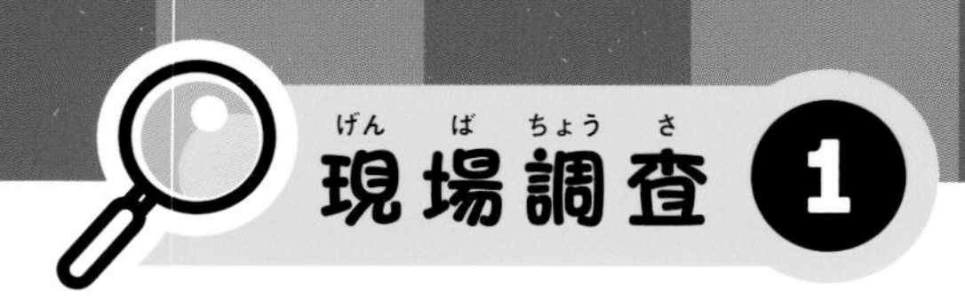

ごみ収集の流れ

家から出たごみは、どうやって運ばれていくんだろう?
清掃工場までの道のりを見てみよう!

家の中のごみを ごみ箱に捨てる

ごみを、分別のルールに従って、それぞれ捨てます。

ごみを入れる袋が
決まっている地域も
あるみたい

ごみをまとめて 集積所に持っていく

可燃ごみなら、可燃ごみの収集日に袋にまとめて、決められた集積所に持っていきます。

時間は集積所に
よってちがうよ

※それぞれの家ごとにごみを出す「戸別収集」にしている地域もあります。

清掃工場やリサイクル施設などの処理施設に運びこむ

ごみがいっぱいになったら、清掃工場やリサイクル施設に運びこんで、ごみを下ろします。

⇨ くわしくは 3巻 4巻 を見てね

集積所と工場を
何度も往復するよ

地域のごみをすべて集める

収集車で地域の集積所を回って、ごみを集めます。

収集に
半日かかることも
あるんだって

ごみ収集車でごみを集める

集積所に集まったごみを、清掃員が収集車にのせて回収します。収集は、天気が悪くても行われることがほとんどです。

どこからごみが出るの？

家の中からは、どんなごみが出るのかな？
ようすを思い出して、考えてみよう！

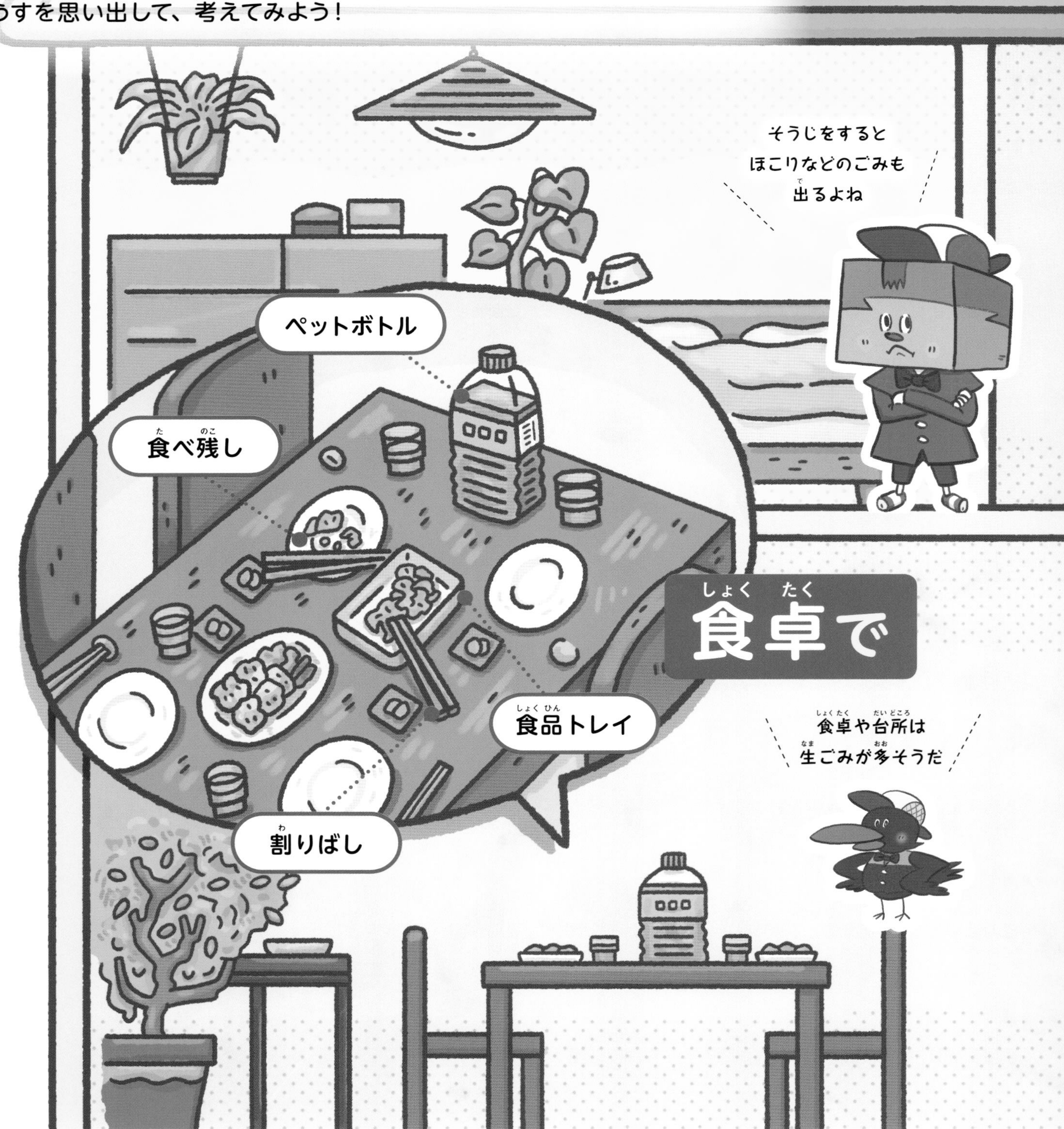

読まない本
こわれたおもちゃ
紙くず
子ども部屋で
短くなったえんぴつ
サイズが小さくなった服
中身がなくなったシャンプーボトル
ふろ場で
家のいろんな部屋から
ごみが出るんだね
小さくなった石けん
よごれたおもちゃ

集積所を見てみよう

ごみを一時的に集める場所を「集積所」というよ。
集積所には、どんなルールがあるのだろう？

曜日によって出せるごみが決められている

いろいろな種類のごみが混ざらないように、ごみを出せる日が決められています。また、処理施設にごみが集中しないように、地域ごとに収集の曜日を分けています。

回収できないごみはシールをはって知らせる

収集日以外のごみを出したり分別をまちがえてごみに出したりすることは、廃棄物処理法で禁じられています。そのようなごみは、警告シールがはられ、集積所に残されます。

廃棄物処理法

ごみの処理が適切に行われるように定められた法律で、正式には「廃棄物の処理及び清掃に関する法律」という。

ごみの種類を示す看板がある

集積所によっては、ごみの分別をうながすためにごみの種類がわかる看板が立てられています。

ごみを出す時間が決められている

集積所に常にごみがあると、動物に散らかされたり、放火されたりする危険があります。それらを防ぐために時間が決められています。

ごみの種類を見てみよう

ごみには、たくさんの種類があるよ。どんなものがごみになるのか、調べていこう。

ごみは大きく分けて２種類

いらなくなったものは、すべてごみになります。そのごみの種類を大きく分けると「一般廃棄物」と「産業廃棄物」に分かれます。下の図を見て、２つのちがいを見てみましょう。

一般廃棄物

私たちがふだん生活している中で出るごみのことで、産業廃棄物以外のごみはすべて一般廃棄物になります。一般廃棄物は、さらに２つの種類に分けられます。

産業廃棄物

工場でものをつくる過程や建築物の解体などで出るごみのことで、法律で決まった20種類のことをいいます。産業廃棄物は、処理の仕方が厳重に決まっています。

くわしくは 2巻 を見てね

家庭系一般廃棄物

おかしの袋や調理くず、飲み終わったペットボトルなど各家庭から出るごみで、いわゆる「家庭ごみ」です。

事業系一般廃棄物

いらなくなった紙類や生ごみなど、会社や店などの事業者から出るごみのことをいいます。

くわしくは 2巻 を見てね

家庭ごみにも種類がある

ごみを正しく処理できるように、ごみには種類が決められています。自治体によって分別の仕方や種類は異なりますが、ここではひとつの例として紹介します。

資源ごみ

資源としてリサイクルできるごみ。新聞紙・段ボールなどの古紙、ペットボトル、缶、びん、衣服など。紙パックや食用油を資源ごみとする自治体もある。

可燃ごみ

燃やして処理するごみ。紙くず、調理くず・食べ残しの生ごみ、木くずなど。容器などのプラスチック類を可燃ごみとする自治体もある。

不燃ごみ

燃やさないで処理するごみ。コップなどのガラス類、食器・花びんなどの陶器類、なべ・フライパンなどの金属類などがある。

その他

自治体で収集できないごみなど。テレビ・エアコン・冷蔵庫・洗濯機の４品目の家電やパソコンなどは、法律に従って処理を行う。

粗大ごみ

サイズが大きいごみ。タンスやソファーなどの大型家具、ふとん、自転車など。ごみとして出すときは、事前に申しこみをする必要がある。

有害ごみ

人の体に悪影響をおよぼしたり、病気が感染したりする危険性があるごみ。在宅医療で使用した注射器、水銀がふくまれる蛍光灯・体温計なども。

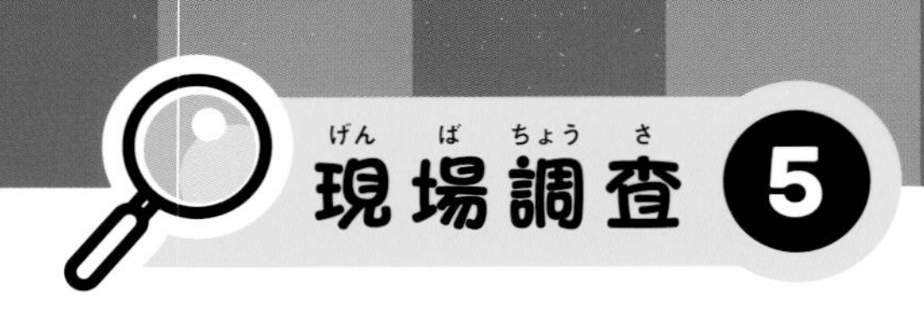

分別のルールを見てみよう

ごみを出すときのルールは、市区町村によってちがうんだ。
どうして、同じではないんだろう？

分別のルールは、市区町村がそれぞれ決めている

お弁当の容器をごみに出すとき、○○市では可燃ごみ、▲▲市では資源ごみというように、住んでいる地域によって分別にちがいがあります。

そもそもごみの処理は、国が行っているのではなく、市区町村ごとの責任で行われています。これは、1900年に定められた「汚物掃除法」という日本で初めてのごみに関する法律で、市の責任とされた決まりが今もなお残っているものです。そのため、ごみ処理施設の状況や処理に関する住民との約束ごとなど地域のようすを考えたうえで、市区町村それぞれが分別のルールを決めているのです。

しかし、ルールが異なるために、引っこしをしたときに正しく分別できないというようなことも起きています。そのため、最近では、できるだけ分別のルールを統一しようとする動きもあるようです。

●食べた後に出るごみの例

お弁当を食べただけで、さまざまなごみが出ることがわかる。

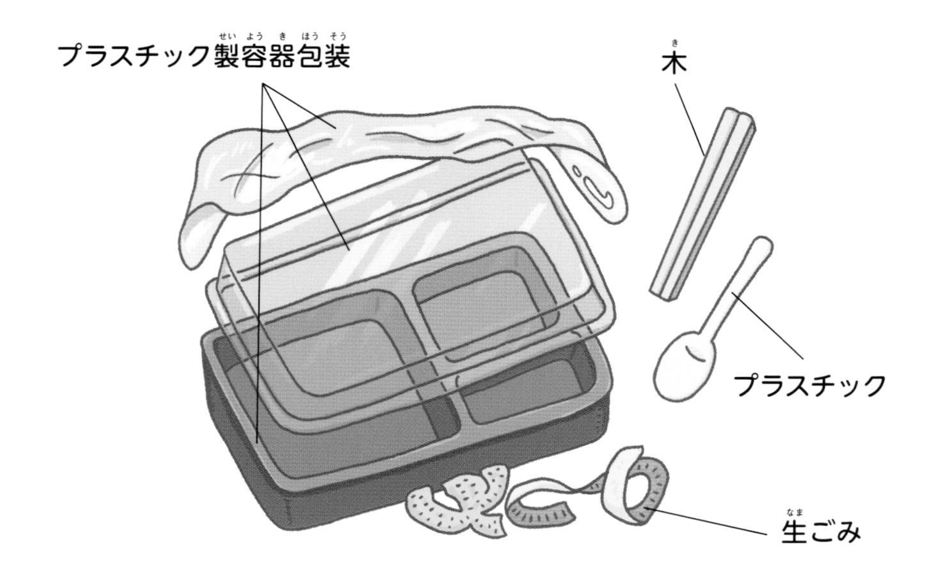

ごみクイズ

食べ終わった後のよごれがついたお弁当の容器は、リサイクルできる？

➡答えは 32ページへ

分別のルールのちがいを見てみよう

実際に、分別がどれほどちがうのか調べてみましょう。ここでは、2つのまちの例を見てみます。

東京都渋谷区の分別ルール 9分別

可燃ごみ

生ごみ、紙くず・衣類、廃食用油、プラスチック類、ゴム・皮革類、少量の木くず

不燃ごみ

小型の金属類・鉄製ハンガー、乾電池・白熱電球・LED電球、陶器・ガラス類、アルミホイル・ライターなど

● 資源

- ペットボトル
- 古紙
- びん
- 缶
- スプレー缶・カセットボンベ
- 蛍光管

粗大ごみ

熊本県水俣市の分別ルール 23分別

- 燃やすごみ
- 生ごみ
- 食用油
- 容器包装プラスチック
- ペットボトル
- 布類（衣類）

● 紙類

- 新聞紙・チラシ類
- 雑誌・その他紙類
- 段ボール
- 飲料等紙パック（白色）
- 飲料等紙パック（銀色）

● 空き缶類

- アルミ缶
- スチール缶
- スプレー缶類

● 空きビン類

- 生きビン（リユースビン）
- 雑ビン（透明）
- 雑ビン（茶色）
- 雑ビン（その他色）

● 電気コード・有害

- 乾電池類
- 電気コード類
- 蛍光管・電球類

- 小型家電 17品目
- 粗大ごみ・破砕・埋立

※ごみの名称は、自治体それぞれの表記にそろえています。拠点回収はふくみません。

はたらく！ごみ収集車

ごみ収集車は、ごみをのせて、
清掃工場や処理施設まで運ぶ専門の車なんだ。
ここでは、収集車について見てみよう。

ごみ収集車には、車の後部にごみをつめこめる装置がある機械式収集車と、大きな荷台のついた清掃ダンプがあります。まちの中で一般廃棄物を収集しているのは、ほとんどが機械式収集車です。さらに機械式収集車は、ごみのつめこみ方によってプレス式、回転式、ロータリー式の３種類に分かれます。今はプレス式、回転式が主流のようです。

産業廃棄物を集める収集車もあり、それらは「産業廃棄物収集運搬車」と表示することが義務付けられています。

※自治体によっては、一般廃棄物の収集車にも表示が義務付けられています。

機械式収集車

家庭ごみをはじめ、いろいろなごみを収集できる。

清掃ダンプ

粗大ごみなどの大きなごみを収集できる。

（写真：横浜市資源循環局）

機械式収集車のしくみ

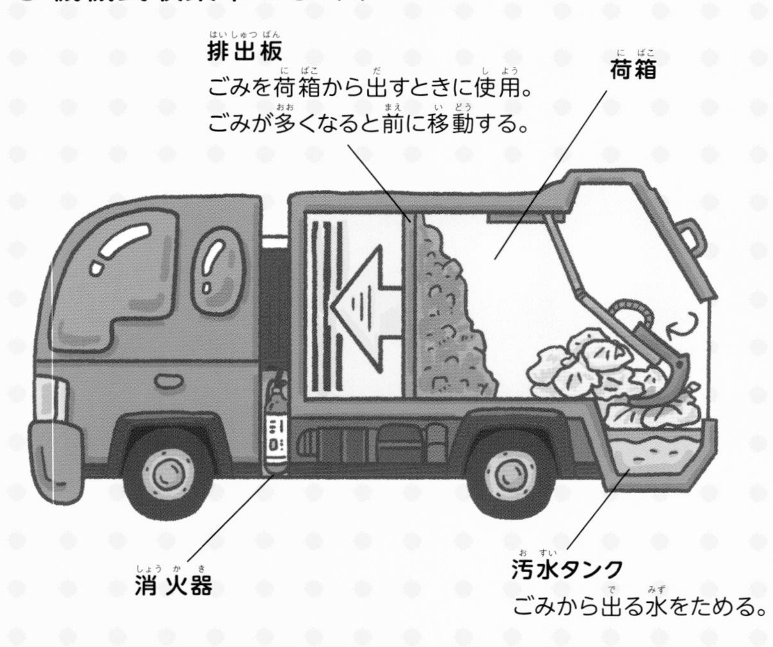

ごみのつめこみ方は3タイプ

①プレス式（左のイラスト）

プレスプレートでごみをくだいてから荷箱につめる。力が強いので、粗大ごみにも対応できる。

②回転式

回転板が回りながら、ごみを荷箱につめる。家庭などの細かいごみ向き。

③ロータリー式

円柱型のドラムが常に回りながら、ごみを荷箱につめる。汚水が飛び散らない。

30ページのごみクイズ答え

よごれがついたものは、リサイクルできないよ（16ページ）。お弁当を食べ終わった後は、容器包装を洗ってきれいにすれば、リサイクルできるんだ。

家の中でできる取り組みを考えよう

家庭から出るごみを減らしたり、
きちんと分別したりするために、
私たちができることは何かな？
考えてみよう。

ごみを減らす

3つの「R」の取り組み

ごみを減らすために心がけたい、3つの「R」があるんだ。
これらを意識して生活すれば、むだなごみを出さないようにすることができるよ。

リデュース Reduce

発生するごみの量を減らす

マイバッグやマイボトルを使ったり、つめかえできる製品を選んだりすることで、発生するごみの量を減らすことができます。食べ残しもごみになります。自分が食べられる量を理解して、食べられる分だけ取るようにすれば、ごみを減らすことができます。また、たまにしか使わないものは借りたり、ほかの人と共有したりする方法もあります。自転車やかさなどはシェアサービスを利用して、使い終わった後には返却すれば、資源のむだになりません。

リユース Reuse

くり返し使う

自分に必要のない衣服やおもちゃは、ごみとして捨ててしまう前に必要な人にゆずれば、くり返し使うことができます。こうしたリユース製品を使うことも、ごみを増やさないための工夫です。

リサイクル Recycle

ごみを生まれ変わらせる

使い終わったものを分別して出すことで、新しい製品をつくるための資源として再び利用することができます。新聞紙や雑誌は、紙の資源としてトイレットペーパーや紙コップなどに生まれ変わります。リサイクルすることで、資源の消費を減らすことができるのです。

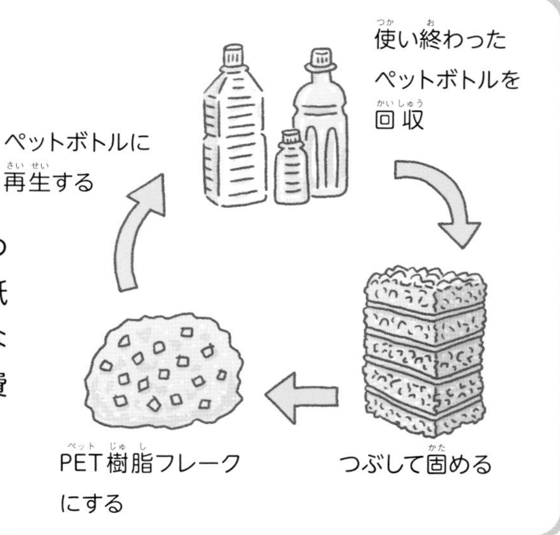

ほかにも、こんな「R」がある！

3つの「R」に「リフューズ」「リペア」を加えて、「5R」ということがあります。

リフューズ Refuse

ごみになるものを断る

レジ袋や包装など、ごみになるものをもらったり、買ったりしないようにします。買い物に行くときは、エコバッグを持っていったり包装されている食品を買わないようにしたりするとよいでしょう。また、お弁当などの食品についてくるスプーンや割りばしを断るのも、資源をむだにしない方法です。

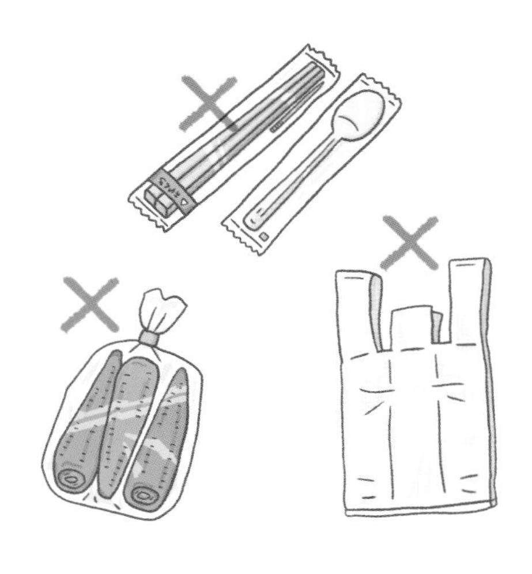

リペア Repair

直して使い続ける

こわれたからといって捨ててしまうと、ごみが増える一方です。こわれたものは修理をしたり、よごれたものはクリーニングをしたりすることで、ひとつのものを長く使い続けることができます。

ごみを減らす

マイボトルを持ち歩こう！

飲み終わった後のペットボトルや缶は、ごみになってしまう。だから、家から自分の水とう（マイボトル）を持っていこう！

象印マホービン「給茶スポット」

「給茶スポット」のステッカーがはってあるカフェやお茶屋さんにマイボトルを持っていくと、その店で買った飲みものをマイボトルに入れてもらうことができます。マイボトルに入れられるメニューから好きなものを注文できるので、ごみを減らせるうえにおいしい飲みものを飲むことができる取り組みです。ほかにも、全国の音楽フェスなどさまざまなイベントで、マイボトルを持ち歩くことが呼びかけられています。

給茶スポットの店頭用ステッカー

給茶スポットのある店に入る

ボトルをあずけて注文する

おいしい飲みものを入れる

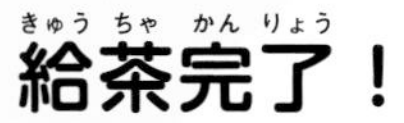

給茶完了！

ごみを減らす

家具をリペアして使おう

古くなったりこわれてしまったりした家具を捨てるなんて、もったいない！
職人さんに直してもらえば、きれいになってまた使えるようになるよ。

大塚家具

こわれてしまった家具は、粗大ごみとして捨てられ、その数が多くなれば資源にも環境にも悪影響を及ぼします。そこで、家具販売の大塚家具では長く大切に使ってほしいと願い、いたんだ家具の修理をうけ負っています。

つくりのしっかりした家具は、木工や塗装、張り替えなど専門の技術を持った職人がていねいにリペア（修理・加工・クリーニング）を行うことで、新品と同じくらいきれいな状態になります。そして再び安心して使うことができるようになります。

相談

いたんだりこわれたりした家具の修理を、お客さんが依頼する。

見積もり

専門の知識を持ったスタッフが、家具の状態などを見て修理の内容を決めて、かかる費用を見積もる。

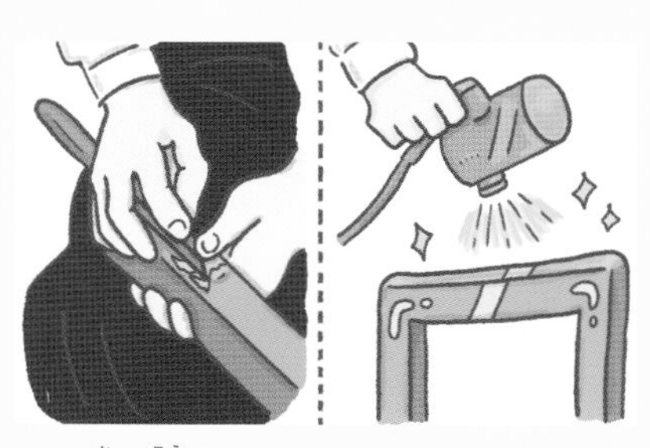

修理・加工・クリーニング

職人たちが木材をけずったり、色をぬり直したり、布を張り替えたりして家具をきれいな状態にする。

再利用

修理した家具は、再び安心して使うことができる。

ごみを減らす

ごみのルールを守ろう！

ごみを減らすためには、一人ひとりが意識することのほかに、まち全体で力を合わせることも大切なんだね。ここでは、京都市の取り組みを見てみよう。

京都市「ごみ半減をめざす『しまつのこころ条例』」

京都市では、2015年にごみの減量を目指し、「ごみ半減をめざす『しまつのこころ条例』」を制定しました。ごみがいちばん多かった 2000年の 82万トンから、ほぼ半分の 39万トンまで減量することを目標にしています。分別やリサイクルを促進するほか、ごみを出さないライフスタイルを呼びかけ、着実にごみの量を減らしているようです。

ごみを出さないライフスタイルの例

ものづくり

- 消費者は、くり返し使える製品を選ぶ。
- 製造業者は、容器包装が少ない製品や環境にやさしい製品をつくる。

食

- 消費者は、購入した食品や食事をできるだけ残さないようにする。
- 食品関連の店は、小盛メニューの紹介や食べきれない分の持ち帰りを認める。

買い物

- 消費者は、容器包装が少ない商品を選ぶ。
- 店は、レジ袋を有料にする、必要量だけ販売するなどしてごみになるものを減らす。

イベント

- 参加者は、リユース食器を優先的に使用する。
- 主催者は、リユース食器の利用をうながし、分別しやすい環境を整備する。

くわしくは 2巻 P38 を見てね

観光

- 滞在者は、宿泊施設でのごみ分別を意識する。
- ホテルや旅館は、使い捨てのものをひかえる。
- 土産店は、ごみになるものを減らす販売に努める。

大学・共同住宅

- 学生や住民は、ごみの減量に協力し、ルールに従って分別する。
- 大学・共同住宅の管理者は、ごみ減量の取り組みを学生や居住者に伝える。

ごみを減らす

エコバッグを使おう！

なぜ、今までもらえていたレジ袋にお金がかかるのだろう？
レジ袋が本当に必要かどうかを考えてみよう。

レジ袋の有料化

2020年7月より、店で配布されていたレジ袋の有料化が義務付けられました。これは、レジ袋に使われているプラスチックの使用をできるだけ減らし、環境や資源保護に配慮するための取り組みです。買いものに行くときにマイバッグを持っていれば、レジ袋を使わなくてすみます。

ごみを減らす

生ごみの水を切ろう！

生ごみの80パーセントは水分といわれているよ。だから、水分を減らすことでごみの減量にもつながるんだ！

浜松市「やらまいか！ 水切りプレス」

浜松市では、生ごみを減らす取り組みとして市のオリジナル水切りグッズをつくり、希望する市民に無料配付しています。生ごみの上からおしつけて、水をギュッとしぼります。このひと手間がごみの減量につながります。

浜松市オリジナル生ごみ水切りグッズ
「やらまいか！　水切りプレス」

ギュッと
おして水を切る

ごみを分別する

おうちでできる分別アイデア

家庭での分別をわかりやすくするためには、どんな工夫をすればいいだろう？
分別アイデアを参考にして、分別がしやすい環境をつくろう！

ビジュアル分別リストをつくってみよう！

分別するものがひと目でわかる表をつくってみましょう。ペットボトルなら、キャップとラベルはプラスチックごみ、ボトルは資源ごみの表にはります。文字だけでなく、実際のものがはってあると、だれにでもわかりやすい表になります。ごみ箱の近くにはると、捨てるときにすぐに分別がわかります。

分別カレンダーをつくってみよう！

分別カレンダーは自治体から配られていますが、自分でつくれば収集日を覚えることができます。カレンダーをつくるときは、イラストを入れたり、種類ごとに色を変えたりすると、よりわかりやすくなります。

ひと目でわかる分別ごみ箱をつくってみよう！

ごみ箱本体を工夫して、分別をわかりやすくしましょう。分別のわかりやすさ、ごみの取り出しやすさ、こわれないかなどを考えながら、まずは設計図をつくります。家族や友だちのアイデアを聞くのもよいでしょう。設計図ができたら、製作して家で使ってみましょう。

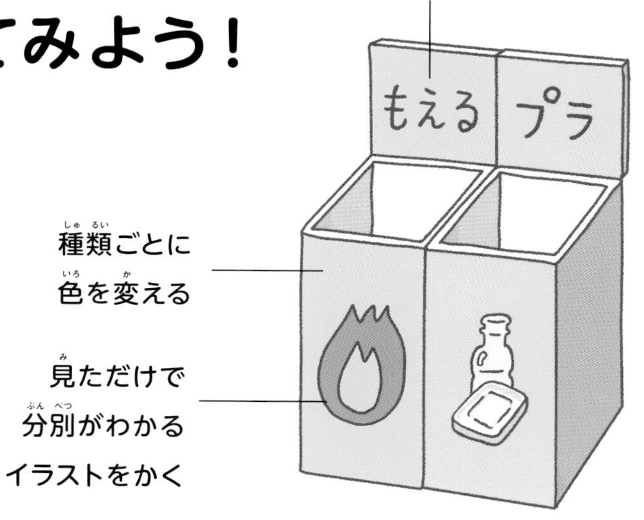

分別カードゲームで遊んでみよう！

カードゲームで遊びながらごみの分別を学びましょう。ごみの絵や文字をかいた「ごみカード」と、空き箱に分別の種類をかいた「分別ボックス」を用意します。

〈遊び方〉

1. 山札からカードを１枚引き、正しい分別ボックスに入れる。わからなければパスして、引いたカードは自分の手もとに置く。
2. 山札がなくなったときに、持っているカードが少ない人が勝ち。
3. 最後に、自分が持っているカードをどこに分別するのか、ボックスに入っているごみカードが合っているかを確認する。

★分別のやさしいごみや難しいごみなど、できるだけたくさんのごみカードをつくろう。
★一人の持ち時間を決めたり、分別の種類を増やしたりしてルールを工夫しよう。

ごみを分別する

識別表示マークをチェックしよう

識別表示マークは、分別をうながすためのマークだよ。
法律に基づき、さまざまな商品の容器包装に表示されているよ。

識別表示マーク

プラスチック製容器包装

お弁当の容器やおかしの袋、パック類などに表示される。

紙製容器包装

ジュースや豆乳の紙パック、包装紙、紙袋などに表示される。

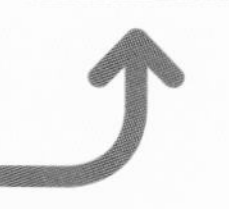

PETボトル

飲みものやしょうゆなどの調味料のペットボトルに表示される。

アルミ缶

炭酸飲料やアルコール飲料などの缶に表示される。

スチール缶

コーヒーやお茶、ジュースなどの缶に表示される。

ごみを分別する

細かくごみを分別しよう

徳島県上勝町では、ごみを生み出さない工夫をしているんだ。ごみを減らしたり処理したりするのではなく、生み出さないとはどういうことだろう?

徳島県上勝町「ゼロ・ウェイストセンター」

上勝町は、日本で初めて「ゼロ・ウェイスト」を宣言した町です。ゼロ・ウェイストとは、ごみそのものを生み出さないという考え方。そのために、町全体が協力してごみを生み出さない取り組みを行っています。

その拠点となるのは、2020年にオープンしたゼロ・ウェイストセンターです。上勝町には、ごみ収集車はありません。町民がセンター内にあるゴミステーションまでごみを運びこみ、自分の手で分別を行います。そして、最大のポイントは分別の数。その数は45分別。細かく分けることによりごみのリサイクル率が80パーセントとなり、焼却やうめ立て処理を減らすことができました。

ゼロ・ウェイストセンター内の施設

ゴミステーション

町民がごみを持ちこむスペース。分別がわからないときは、常駐スタッフに聞くことができる。

くるくるショップ

まだ使えるものを持ちこんだり、気に入ったものは持ち帰ったりすることができる。

ホテルがあるなんてビックリ!!

HOTEL WHY

センター内にある宿泊施設。宿泊中にさまざまなゼロ・ウェイストを体験できる。

オフィス・ラボ／ホール

大学・企業が使うシェアオフィスや会議やセミナーを行えるホールがある。

ごみを分別する

ごみ分別アプリを利用しよう！

スマートフォンから分別のルールや収集日を見ることができれば、いつでもどこでも手軽に確認できるね。

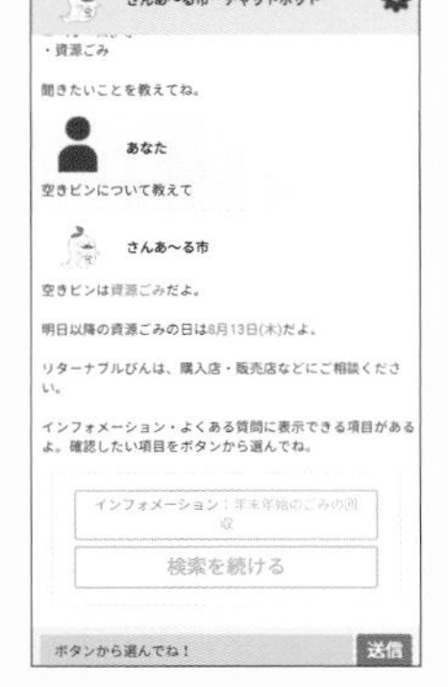

収集日カレンダー（左）、分別の検索ができるチャット（右）の画面。2020年10月現在、150の自治体が導入している。

ディライトシステム「さんあ〜る」

ディライトシステムは、ごみの分別をうながすアプリ「さんあ〜る」を配信しています。アプリを導入したまちの収集日カレンダーを見ることができたり、捨てたいごみがどの分別なのかを検索したりすることができます。

ごみを分別する

ごみの情報サイトをチェック！

さまざまなまちでごみの取り組みをしているけれど、宮城県仙台市では市民が確認しやすいようにごみ専門の情報サイトを立ち上げているんだ。

宮城県仙台市「ワケルネット」

仙台市では、ごみ専門の情報サイトでごみの出し方や分別の仕方を動画で解説したり、ごみに関するデータを載せたりしています。「ワケルファミリー」を中心に、楽しみながらごみについて知ることができるサイトです。

ワケルくん

人生にマニュアルはない。
でも、ごみ分別にはマニュアルあり。

調査員トラによる
聞きごみ調査

ごみ清掃員さんが困っていること

神奈川県横浜市でごみの収集をしている清掃員さんに、困っていることがないか聞いてみたよ。ごみを出すときに気をつけることは、何だろう？

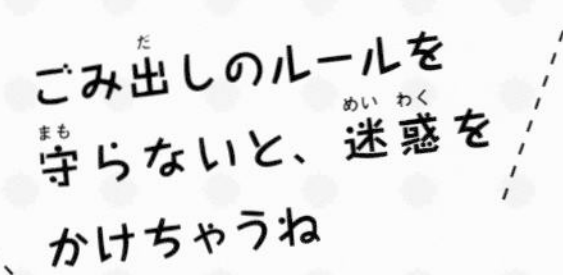

分別されていなかったり収集日以外に出されたりしたごみは、回収できないから小動物に荒らされることがあるよ。散乱したごみをかたづけるのは、大変なんだ。

可燃ごみの中でも、水分が多い袋は収集車で圧縮するときに破裂して、よごれた水が飛び散ってしまうよ。作業中に近くを歩いている人にかかったら、大変！

可燃ごみに混ざった中身の入ったスプレー缶や充電池が原因で、ごみ収集車が燃えてしまったことがあるよ。蛍光灯も破裂して危険なんだ。

分別されていないごみ袋の中に、注射器や包丁、割れた陶器が入っていると、回収するときに手や足にけがを負ってしまうこともあるよ。

まとめ

ルールを守らないと、清掃員さんに迷惑がかかってしまうんだね。中身が入ったスプレー缶や充電池など、分別をまちがえると命にかかわるごみもあるんだ。清掃員さんのためにも、ごみはしっかり分けようね！

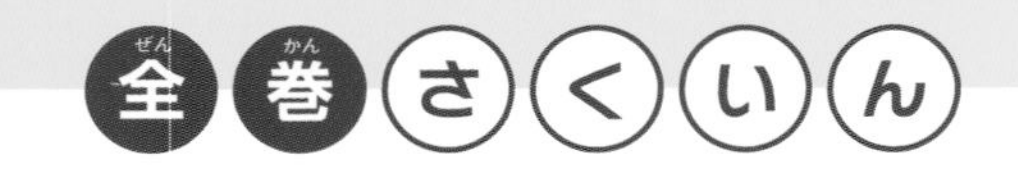

NDC　518
なぜ？から調べる ごみと環境 全5巻

監修　森口祐一
学研プラス　2021　48P　29cm
ISBN978-4-05-501344-4　C8351

監修 森口祐一（もりぐちゆういち）

東京大学大学院工学系研究科都市工学専攻教授。国立環境研究所理事。専門は環境システム学・都市環境工学。京都大学工学部衛生工学科卒業、1982年国立公害研究所総合解析部研究員。国立環境研究所社会環境システム研究領域資源管理研究室長、国立環境研究所循環型社会形成推進・廃棄物研究センター長を経て、現職。主な公職として、日本学術会議連携会員、中央環境審議会臨時委員、日本LCA学会会長。

イラスト／はやはらよしひろ
キャラクターイラスト／イケウチリリー
装丁・本文デザイン／齋藤彩子
編集協力／株式会社スリーシーズン（大友美雪）
校正／小西奈津子　鈴木進吾　松永もうこ
DTP／株式会社明昌堂

協力・写真提供／アフロ、一般社団法人サステナブル経営推進機構、株式会社大塚家具、株式会社ディライトシステム、上勝町ゼロ・ウェイストセンター、京都市環境政策局循環型社会推進部ごみ減量推進課、環境省 災害廃棄物対策フォトチャンネル、仙台市環境局家庭ごみ減量課、象印マホービン株式会社、西澤丞、浜松市環境部ごみ減量推進課、横浜市役所資源循環局

なぜ？から調べる ごみと環境 全5巻
1 家の中のごみ
2021年2月23日　第1刷発行

発行人　代田雪絵
編集人　代田雪絵
企画編集　澄田典子　冨山由夏
発行所　株式会社　学研プラス
〒141-8415　東京都品川区西五反田2-11-8
印刷所　凸版印刷株式会社

◎この本に関する各種お問い合わせ先
本の内容については、下記サイトのお問い合わせフォームよりお願いします。
https://gakken-plus.co.jp/contact/
在庫については ☎ 03-6431-1197（販売部）
不良品（落丁、乱丁）については ☎ 0570-000577
学研業務センター 〒354-0045 埼玉県入間郡三芳町上富279-1
上記以外のお問い合わせは Tel 0570-056-710（学研グループ総合案内）

なぜ?から調べる

ごみと環境